FORSCHUNGSBERICHTE DES LANDES NORDRHEIN-WESTFALEN

Nr. 1205

Herausgegeben
im Auftrage des Ministerpräsidenten Dr. Franz Meyers
von Staatssekretär Professor Dr. h. c. Dr. E. h. Leo Brandt

Dr. rer. nat. Werner Bubser

Textilforschungsanstalt Krefeld

Vergleichende Bestimmungen des Schmelzpunktes an synthetischen Faserstoffen

Springer Fachmedien Wiesbaden GmbH 1963

Verlags-Nr. 011205
ISBN 978-3-663-06604-0 ISBN 978-3-663-07517-2 (eBook)
DOI 10.1007/978-3-663-07517-2

Ursprünglich erschienen bei Westdeutscher Verlag, Opladen 1963.
Gesamtherstellung: Westdeutscher Verlag ·

Inhalt

1. Einleitung

Mit dem Ausdruck »Schmelzpunkt« verbindet man bekanntlich die Vorstellung, daß eine Substanz bei einer genau definierten Temperatur aus dem festen in den flüssigen Zustand übergeht. In dieser Form hat der Begriff »Schmelzpunkt« jedoch nur für einheitliche kristalline niedermolekulare Verbindungen Gültigkeit. Hochpolymere, wie z.B. Polyamide, Polyurethane, Polyester, Polyäthylen, haben keinen Schmelzpunkt im ursprünglichen Sinne des Wortes; denn sie schmelzen nicht bei einer scharf definierten Temperatur, sondern innerhalb eines *Schmelzbereiches*, der von Fall zu Fall verschieden ausgeprägt ist.
Wenn im normalen Sprachgebrauch bei Hochpolymeren dennoch der Begriff »Schmelzpunkt« gebraucht wird, so ist man übereingekommen, darunter diejenige Temperatur zu verstehen, bei der die letzten Kristallite geschmolzen sind und daher die Doppelbrechung verschwindet [1], [2].
Während bei niedermolekularen Verbindungen ein unscharfer Schmelzpunkt in der Regel auf Verunreinigungen zurückzuführen ist, liegen die Ursachen bei den Hochpolymeren tiefer, vorausgesetzt, daß niedermolekulare Anteile, z.B. monomeres oder dimeres Caprolactam, entfernt sind, was ja im allgemeinen der Fall ist. Das besondere Verhalten der Hochpolymeren liegt vielmehr in ihrer Zweiphasenstruktur begründet, nach der diese Stoffe aus kristallinen und nichtkristallinen Bereichen aufgebaut sind.
Die Abhängigkeit des Schmelzpunktes von der Kettenlänge bei einer homologen Reihe (z.B. unverzweigte Paraffin-Kohlenwasserstoffe) ist bekannt und zeigt folgendes Bild [1]:
Bei niederem Polymerisationsgrad nimmt der Schmelzpunkt zunächst rasch mit der Kettenlänge zu. Die Verbindungen sind kristallin, schmelzen scharf bei einer bestimmten Temperatur zu einer leicht beweglichen Flüssigkeit.
Mit wachsender Kettenlänge steigt die Viskosität der Schmelze, während der Schmelzpunkt nur noch langsam zunimmt. Gleichzeitig tritt von einer bestimmten Kettenlänge an die Zweiphasenstruktur und damit die Erscheinung des Schmelzbereiches auf. Bei sehr langer Kette schließlich strebt der Schmelzpunkt einem Grenzwert zu; die Viskosität der Schmelze steigt jedoch weiter an; sie wird immer zäher.
Für die Herstellung vollsynthetischer Fasern ergibt sich daraus, daß es nicht zweckmäßig ist, den Polymerisations- bzw. Polykondensationsgrad über eine bestimmte Grenze hinaus zu steigern, denn man erzielt auf diese Weise nur eine relativ geringe Zunahme des Schmelz- bzw. Erweichungspunktes. Zum Beispiel hat eine Polyaminocapronsäure vom Molekulargewicht 5000 einen Schmelzpunkt von 212°C, während bei einem Molekulargewicht von 22000 der Schmelzpunkt bei 217°C liegt.

2. Schmelzpunktbestimmungsmethoden

Obgleich, wie im vorangegangenen Abschnitt dargelegt wurde, die Hochpolymeren keinen eigentlichen Schmelzpunkt besitzen, sondern innerhalb eines Schmelzbereiches vom festen in den flüssigen Aggregatzustand übergehen, hat sich in der Praxis trotzdem der Begriff »Schmelzpunkt« für diese Stoffe eingebürgert.
In der Literatur sind für die Schmelzpunkte der vollsynthetischen Fasern daher keine einheitlichen Werte zu finden, oftmals werden mehr oder minder große Intervalle angegeben, die vor allen Dingen mit der Definition des sogenannten »Schmelzpunktes« zusammenhängen.
Mit unseren Versuchen wollten wir die Einflüsse feststellen, die durch die verschiedenen Bestimmungsmethoden selbst hervorgerufen werden.

2.1 Mit Schmelzpunktsalzen

Man gibt einige Körnchen eines Schmelzpunktsalzes auf eine mit einem kleinen Brenner erhitzte Metallplatte (oder umgedrehtes Bügeleisen). Sobald das Salz schmilzt, wird der Brenner entfernt und die zu prüfende Faser auf die Platte gelegt [3].
Schmelzpunktsalze liefert die Fa. E. Merck, Darmstadt. Für unseren Meßbereich kommen in Frage die Schmelzkörper: 215°C und 225°C für Nylon 6, 260°C für Nylon 66 und Polyesterfasern.

Man kann weiterhin folgende Substanzen heranziehen:

Kaliumhydrogensulfat ($KHSO_4$)	210°C
p-Oxybenzoesäure	214–215°C
Anthracen	213°C
4,4'-Dinitrodiphenylamin	216°C
Kaliumchlorat ($KClO_3$)	250°C

Diese Methode gibt nur Anhaltspunkte über den Schmelzpunkt und liefert keine genauen Ergebnisse. Es ist wohl möglich, rein qualitativ z. B. Nylon 6 von anderen vollsynthetischen Fasern zu unterscheiden, sofern deren Schmelzpunkt wenigstens 20°C darüber oder darunter liegt.

2.2 Mit dem Schmelzpunktröhrchen

Man bringt die Faser oder ein Faserbündel in ein Schmelzpunktröhrchen (unten geschlossene Glaskapillare) und erhitzt dieses, angelegt an ein Thermometer, in einem hochsiedenden Öl- oder Schwefelsäurebad. Diese klassische Methode des organischen Chemikers [4] benutzt verschieden konstruierte Glasapparaturen und darf als allgemein bekanntes Verfahren angesehen werden.
Bei der Untersuchung von Fasern treten jedoch gewisse Schwierigkeiten auf, einerseits ist die genaue Festlegung des Schmelzpunktes schwierig, da die Fasern nicht augenblicklich bei einer bestimmten Temperatur, sondern innerhalb eines Bereiches von mehreren Grad Celsius schmelzen. Andererseits liegen bei verschiedenen Faserarten die Schmelztemperaturen über 250° C, hier wird die Wärmeabstrahlung der Apparatur sehr stark, so daß nur aus größerer Entfernung beobachtet werden kann.
Schließlich ist mit einem Schwefelsäurebad oberhalb von 250° C größere Vorsicht geboten (Siedeerscheinungen der H_2SO_4), und es besteht leicht die Gefahr, daß die Kolben springen.

2.3 Kupferblockverfahren nach Preston [5], [6]

Diese Methode eignet sich vor allen Dingen zur Bestimmung der Kontraktionstemperatur von Fasern, d.h. jener Temperatur, bei welcher die Fasern beginnen, sich zusammenzuziehen. Das Prinzip der Durchführung lehnt sich an die in Abschnitt 2.1 beschriebene Methode an, nur daß hier an Stelle von Schmelzkörpern ein Thermometer als Temperaturanzeige dient und dadurch ein genaueres Messen gewährleistet wird.

2.4 Paraffinbadverfahren

2.41 Im Reagenzglas nach Ludwig [7]

Das Becherglas wird mit einem hochsiedenden, wasserhellen Paraffin gefüllt. Im Becherglas befinden sich das Thermometer 2 und ein Reagenzglas mit Paraffin und dem Thermometer 1. In das Reagenzglas wird die zu untersuchende Probe gegeben (s. Abb. 1).
Man erhitzt das Becherglas anfangs schnell und dann in der Nähe des Schmelzpunktes langsam. Das Paraffin im Reagenzglas liegt hinsichtlich der Temperatur um einige Grade tiefer als bei Thermometer 2. Man rührt fortwährend mit dem Thermometer 1 im Reagenzglas um und stellt durch Berühren der zu prüfenden Probe den Erweichungspunkt bzw. Schmelzpunkt fest. Nebenbei kann die Veränderung der Faser durch Schrumpfen bzw. Schmelzen mit dem Auge ermittelt werden.

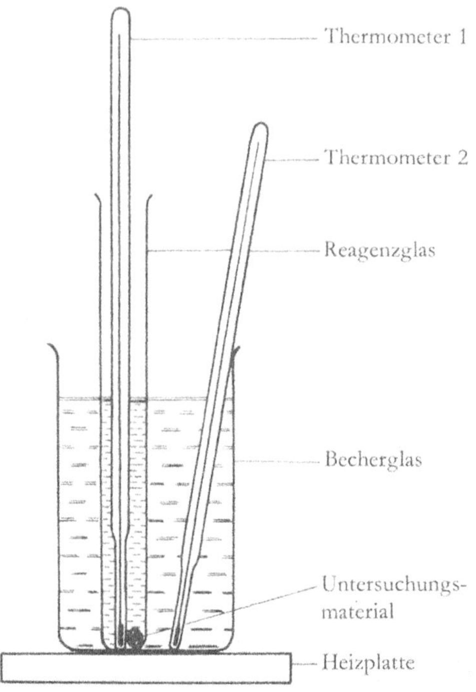

Abb. 1 Schmelzpunktbestimmung nach LUDWIG

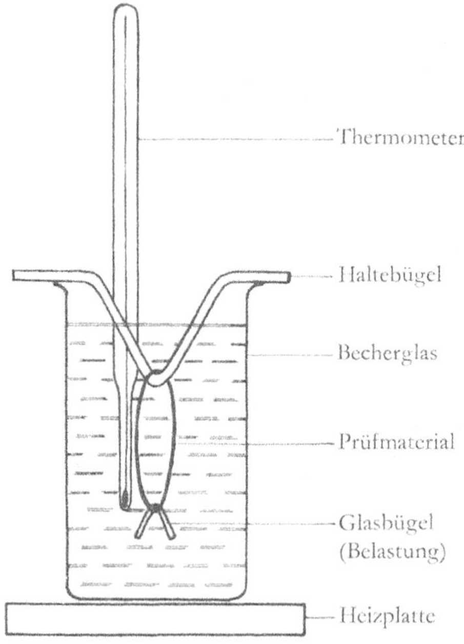

Abb. 2 Schmelzpunktbestimmung nach SCHWERTASSEK

2.42 *Unter Belastung nach* Schwertassek [8]

Das zu untersuchende Material wird in Schlingenform an einem U- oder V-förmigen Glasstab befestigt. Zur Belastung wird unten in der Schlinge ein kleiner Glasbügel eingehängt. Im Becherglas befindet sich ein hochsiedendes Paraffin sowie ein Thermometer (s. Abb. 2). Bei einer Temperatur von etwa 100° C wird das Prüfmaterial in das flüssige Paraffin eingetaucht. Nun wird erhitzt und diejenige Temperatur, bei welcher das Gewichtchen zu Boden fällt, als Schmelzpunkt angegeben. Die Belastung wurde, unter Berücksichtigung des Auftriebes im Paraffin, mit 0,5 mg/denier gewählt.
Das Verfahren eignet sich besonders für endloses Material und hat den Vorteil, daß der Endpunkt sich sehr einfach ermitteln läßt.

2.5 Mit dem Mikroskopheiztisch

Die mikroskopische Methode zur Bestimmung des Schmelzpunktes der vollsynthetischen Fasern ermöglicht eine gute Beobachtung des Schmelzvorganges selbst. Gleichzeitig werden hier während des Aufheizens Veränderungen an den Fasern sichtbar, die bei den zuvor beschriebenen Verfahren nicht oder nur schwer zu erkennen sind.
Mikroskopheiztische können sowohl als Zusatzgeräte für normale Mikroskope geliefert werden, sie sind auch als fertige Heiztischmikroskope zu beziehen (Kofler-Thermomikroskop, Leitz-Mikroskopheiztisch mit Stativ). Der Heiztisch ist mit elektrischer Heizung und einem Quecksilberthermometer ausgerüstet, das die jeweils am Präparat vorhandene Temperatur anzeigen soll. Mit Hilfe eines Reguliertransformators kann die gewünschte Aufheizgeschwindigkeit eingestellt werden.

3. Bestimmung der Schmelzpunkte von synthetischen Faserstoffen

Die Bestimmung der Schmelzpunkte haben wir nach folgenden Methoden vorgenommen:

a) im Schmelzpunktröhrchen
b) im Paraffinbad unter Belastung
c) mit Heiztischmikroskop

Zu a):
Als Schmelzpunktröhrchen verwendeten wir solche mit Durchmesser von ca. 1 mm. In diese etwas weiteren Röhrchen ist das Fasermaterial leichter einzubringen. Das Aufheizen des Schwefelsäurebades kann bis etwa 20° C unter dem Schmelzpunkt rascher vorgenommen werden (ca. 4–5° C pro Minute), dann erfolgt langsames Erhitzen mit etwa 2° C pro Minute. Mit Hilfe einer Lupe läßt sich das Beobachten des Fasermaterials besser durchführen.

Zu b):
Es ist darauf zu achten, daß beim Aufheizen des Paraffinbades stets in der gleichen Weise verfahren wird, da die Aufheizgeschwindigkeit das Ergebnis stark beeinflußt. So erreicht man *niedrigere Schmelzpunkte, wenn man rasch aufheizt.* Diese Beobachtung ist überraschend, da normalerweise bei Schmelzpunktbestimmungen von kristallinen Substanzen fälschlicherweise höhere Werte erhalten werden, sofern das Aufheizen zu rasch vorgenommen wird. Wir haben bei unseren Versuchen festgestellt, daß bis etwa 20° C unterhalb des Schmelzpunktes ohne spätere Beeinflussung des Ergebnisses rasch aufgeheizt werden kann, von dieser Temperatur an sollte jedoch nur mit etwa 2–3° C pro Minute weiter erwärmt werden.

Zu c):
Bei den Mikroskopheiztischen ist die in der Gebrauchsanweisung für die entsprechende Temperatur vorgeschriebene Heizstufe einzustellen. Bei unbekanntem Schmelzpunkt muß ein Vorversuch zeigen, in welchem Temperaturbereich das jeweilig zu untersuchende Material liegt, damit die richtige Heizstufe gewählt werden kann.
Die benutzten Thermometer müssen, sofern Vergleiche zwischen den verschiedenen Methoden gezogen werden sollen, aufeinander abgestimmt werden. Als Eichgrundlage dienten die Thermometer des Heiztischmikroskopes, die mit Schmelzkörpern auf ihre Genauigkeit überprüft wurden. Bei Eintauchen der Thermometer in Badflüssigkeiten ist darauf zu achten, daß der im Bad befindliche Teil der Quecksilbersäule stets gleich lang ist.

Tab. 1 Schmelzpunkte von Polyamidfasern

Faserart	Methoden der Schmelzpunktbestimmung								
	Schmelzpunktröhrchen im H_2SO_4-Bad			Paraffinbad mit Belastung 0,5 mg/denier			Heiztischmikroskop		
	Mittel aus 10 Messungen	Höchstwert	niedrigster Wert	Mittel aus 10 Messungen	Höchstwert	niedrigster Wert	Mittel aus 10 Messungen	Höchstwert	niedrigster Wert
Nylon 6 A 30/6 matt	213	215	211	209	213	205	220	221	218
Nylon 6 B 40/14 matt	214	216	210	209	212	206	220	221	219
Nylon 6 C 40/14 matt	212	215	209	207	212	205	220	221	219
Nylon 6 D 45/14 glänzend	213	216	210	209	212	205	220	221	219
Nylon 6 E 60/12 matt	215	218	212	216	220	215	221	222	220
Nylon 6 F 60/12 matt	216	220	214	214	220	210	219	220	218
Nylon 6 G 60/12 matt thermofix.	215	216	212	211	214	209	220	221	219
Nylon 6 H 60/12 matt thermofix.	215	216	213	212	215	209	220	221	219
Nylon 66 A 60/20 matt	252	255	248	247	249	245	256	257	254

3.1 Schmelzpunkte der Polyamidfasern

In Tab. 1 sind die Ergebnisse von verschiedenen Polyamidfasern wiedergegeben. Es handelt sich hierbei um endlos gesponnene Garne.
Bei allen drei Methoden ist zu beobachten, daß die Nylon 6-Fäden bei etwa 200° C schrumpfen. Sofern nicht unter Luftausschluß erhitzt wird (wie bei der Paraffinbadmethode), verfärben sich die Fasern braun und schmelzen zu einer braunen, zähflüssigen Masse.
Interessant ist die Beobachtung des Schmelzvorganges im Mikroskop. Hier beginnt bei Nylon 6 2–3° C vor dem Zerfließen der Faser das Faserinnere zu schmelzen. SCHWERTASSEK [8] erklärt dies damit, daß die Faserhaut einen höheren Schmelzpunkt als das Faserinnere besitzt und dadurch die Faserform noch aufrechterhalten ist. Bei gegenseitiger Berührung der Fasern fließen dieselben noch nicht zusammen, da die Faserhaut noch eine trennende Schicht bildet. Ist der Schmelzpunkt der Faserhaut schließlich erreicht, so zerfließen die Fasern zu einer zähflüssigen Masse. Bei Nylon 66-Fasern konnte kein vorzeitiges Schmelzen des Faserinneren beobachtet werden, und es liegt die Vermutung nahe, daß Nylon 66 praktisch keine Faserhaut besitzt. Auch Quellreaktionen mit Schwefelsäuren verschiedener Konzentration deuten auf die Abwesenheit einer Faserhaut bei Nylon 66 hin.
Die Bestimmung des Schmelzpunktes im Paraffinbad unter Belastung gibt die niedrigsten Werte, das Heiztischmikroskop die höchsten. Die gute Beobachtungsmöglichkeit im Mikroskop und das stets gleichartig durchführbare Aufheizen des Heiztisches machen sich in der geringen Streuung der Einzelwerte bemerkbar.

3.2 Schmelzpunkte der Polyesterfasern

In Tab. 2 sind die Ergebnisse von verschiedenen Polyesterfasern wiedergegeben. Auch hier handelt es sich um endlos gesponnene Garne.

Tab. 2 Schmelzpunkte von Polyesterfasern

	Methoden der Schmelzpunktbestimmung					
	Paraffinbad mit Belastung 0,5 mg/denier			Heiztischmikroskop		
Faserart	Mittel aus 10 Messungen	Höchstwert	niedrigster Wert	Mittel aus 10 Messungen	Höchstwert	niedrigster Wert
Polyester A 100/36	248	250	246	253	254	253
Polyester B 50/25	248	249	246	254	255	253
Polyester C 50/24	243	245	240	253	254	252

Die Schmelzpunktbestimmung mit dem Schmelzröhrchen im Schwefelsäurebad macht Schwierigkeiten, da das Beobachten der Faserveränderungen durch die Hitzeabstrahlung der Apparatur sehr erschwert wird und das Arbeiten mit konzentrierter Schwefelsäure bei solch hohen Temperaturen mit Gefahren verbunden ist.
Etwa 10–15° C vor Erreichen des Schmelzpunktes beginnen die Fasern mehr oder weniger stark zu schrumpfen. *Auch hier erhält man mit dem Heiztischmikroskop höhere Schmelzpunkte als bei der Paraffinmethode.*

3.3 Zersetzungspunkt der Polyacrylnitrilfasern

Im Gegensatz zu den anderen synthetischen Fasern auf Polyamid-, Polyester- und Polyvinylchlorid-Basis zeigen Polyacrylnitrilfasern keinen eigentlichen Schmelzpunkt oder, besser ausgedrückt, Schmelzbereich. Vielmehr zersetzten sie sich vor Erreichen des Schmelzpunktes zu einer dunkel gefärbten Substanz. Da diese Zersetzungstemperatur über 250° C liegt, ist es nicht ratsam, die klassische Methode mit dem Schmelzpunktröhrchen im Schwefelsäurebad anzuwenden.
Versucht man, die Bestimmung im Paraffinbad unter Belastung nach SCHWERTASSEK durchzuführen, so stellt man fest, daß die Fasern bei einer Belastung von 0,5 mg/denier selbst bei einer Temperatur von über 275° C nicht abreißen. Das Fasermaterial ist dann dunkelbraun bis schwarz gefärbt, besitzt aber selbst in diesem Zustand noch eine gewisse Festigkeit [9]. Bei den untersuchten Faserproben wird ein starkes Schrumpfen beobachtet, das bei Temperaturen über 200° C leicht mit dem Auge festgestellt werden kann. Bei ca. 235° C werden die Fasern braun und sind bei ca. 270° C schwarz geworden.
Am besten für die Bestimmung des Zersetzungspunktes eignet sich das Heiztischmikroskop. Hier tritt beim Erhitzen über 200° C starkes Schrumpfen ein, die Fasern bewegen sich. In diesem Temperaturbereich sollen die Fasern erweichen [10]. Bei 250° C beginnen die Fasern dunkel zu werden, und bei weiterer Temperatursteigerung tritt Farbvertiefung auf. Wir haben nun jene Temperatur als Zersetzungstemperatur bezeichnet, bei welcher die Fasern im Heiztischmikroskop völlig schwarz und undurchsichtig geworden sind. In Tab. 3 sind die Ergebnisse von verschiedenen Polyacrylnitrilfasern wiedergegeben.

Tab. 3 Zersetzungspunkte von Polyacrylnitrilfasern

Bestimmung mit Heiztischmikroskop

Faserart	Mittel aus 5 Messungen	Höchstwert	niedrigster Wert
Polyacrylnitrilfaser I 75/36 matt	268° C	270° C	267° C
Polyacrylnitrilfaser II Nm 56	269° C	272° C	268° C
Polyacrylnitrilfaser III 72/2	272° C	275° C	270° C

Die Abb. 3 zeigt die Polyacrylnitrilfaser III in den verschiedenen Stadien des Erhitzens. Bei 200° C zeigt die Faser noch dasselbe Aussehen wie bei Zimmertemperatur. Ab 250° C tritt ein stetig ansteigendes Dunklerwerden ein, beim Zersetzungspunkt ist die Faser undurchsichtig schwarz geworden.

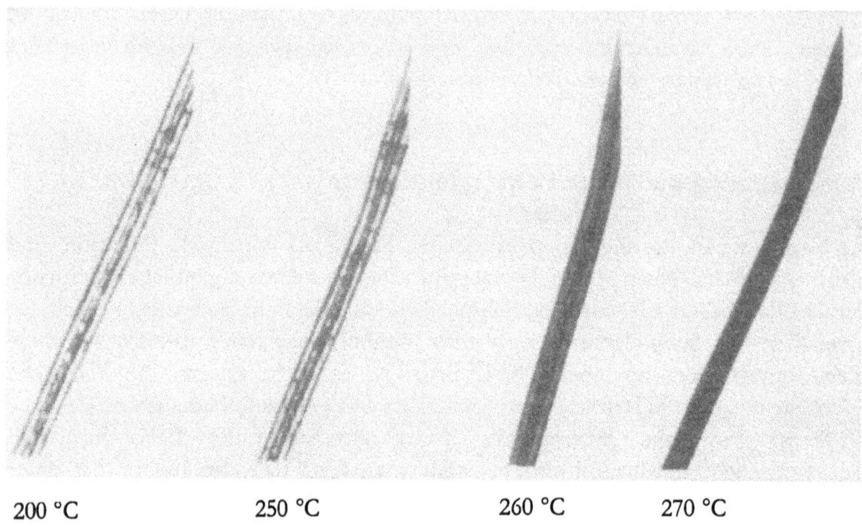

200 °C 250 °C 260 °C 270 °C

Abb. 3 Verlauf des Erhitzens einer Polyacrylnitril-III-Einzelfaser

3.4 Schmelzpunkte an Polyvinylchloridfasern

Die Bestimmung des Schmelzpunktes an Polyvinylchloridfasern kann in der bekannten Weise vorgenommen werden. Wir verwendeten für unsere Untersuchungen Rhovyl 200/64.

3.41 Bestimmung des Schmelzpunktes mit dem Schmelzpunktröhrchen

Hier beginnen die Fasern bei etwa 90° C sehr stark zu schrumpfen. Diese Schrumpfung wird ab etwa 130° C geringer, ist aber noch deutlich wahrnehmbar. Bei einer Temperatur über 120° C zeigen die Fasern eine gelbliche Färbung, die bei höheren Temperaturen zunimmt und sich über braun nach dunkelbraun (bei 200° C) vertieft. Bei ca. 190° C ist das Schrumpfen zum Stillstand gekommen, und bei 210° C werden die zusammengeschrumpften, braunschwarz gefärbten Fasern plastisch und verkleben zu einer zähen Masse. Auch bei weiterem Erhitzen auf 230–240° C wird diese Masse nicht dünnflüssiger, sie zeigt nun ein gesintertes, schlackiges Aussehen. Ein klar erkennbarer Schmelzpunkt kann nicht bestimmt werden, das Plastischwerden und Verkleben der braunschwarz gefärbten Fasern verläuft über einen Temperaturbereich von mehreren Graden Celsius, etwa von 200 bis 215° C.

3.42 Bestimmung des Schmelzpunktes im Paraffinbad unter Belastung

Wir haben versucht, nach der in Abschnitt 2.42 beschriebenen Versuchsanordnung zu arbeiten. Hierbei zeigten sich jedoch große Schwierigkeiten, da die Schlingen aus Rhovylfasern sich zusammendrehen und das Fasermaterial bei Temperatursteigerung so stark zusammenschrumpft, daß der Knoten am Glasbügel mechanisch aufgesprengt wird. Wir haben daher Haltebügel und Knoten nicht in das Paraffinbad eintauchen lassen. Die Abb. 4 zeigt die Versuchsanordnung.

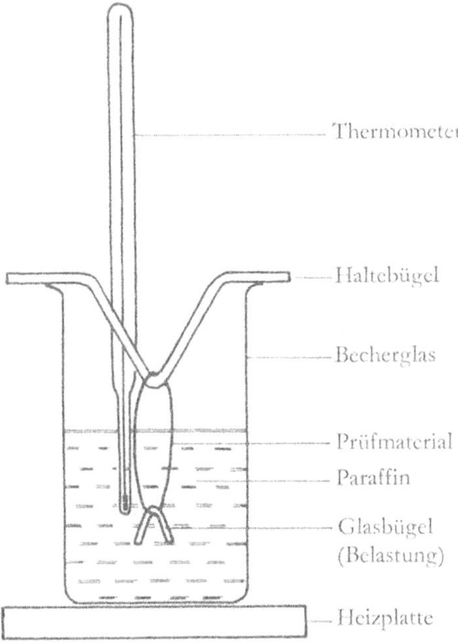

Abb. 4 Schmelzpunktbestimmung nach SCHWERTASSEK für Polyvinylchloridfasern

In Tab. 4 sind die Versuchsergebnisse wiedergegeben.

Tab. 4 Schmelzpunktbestimmung an Rhovylfasern im Paraffinbad unter Belastung von 0,5 mg/denier[1]

Gefundene Schmelzpunkte:	207,5; 207,0; 207,0; 207,5; 207,0
Niedrigster Wert:	207,0
Höchstwert:	207,5
Mittelwert:	207,2

Beim Eintauchen des Rhovylfadens in das etwa 100° C heiße Paraffinbad schrumpft der Faden und verkürzt sich bei weiterer Temperatursteigerung bis zu etwa 180°C. Über dieser Temperatur beginnt der Faden sich wieder zu längen und

[1] Unter Berücksichtigung des Auftriebs im Paraffin.

erreicht beim Schmelzpunkt annähernd wieder seine ursprüngliche Ausgangslänge. *Hierauf ist Rücksicht zu nehmen, denn die Quecksilberkugel des Thermometers soll möglichst in gleicher Höhe wie der Glasbügel sein, wenn die Schmelztemperatur erreicht ist.*

3.43 Bestimmung des Schmelzpunktes mit dem Heiztischmikroskop

Erwärmt man Rhovylfasern auf dem Heiztisch, so kann man schon bei 80° C ein beginnendes, wenn auch noch sehr geringes Schrumpfen mit Hilfe des Mikroskopes feststellen. Ab 90° C schrumpfen die Fasern stärker, und man kann gleichzeitig eine Breitenzunahme erkennen. Bei einer Temperatur von 140° C läßt das Schrumpfen nach, ist aber noch deutlich sichtbar. Über 190° C ist das Schrumpfen ganz zum Stillstand gekommen. Bei 205–210° C beginnen die aufeinanderliegenden Fasern zu verkleben und sich sehr langsam aufzulösen, während die freiliegenden Einzelfasern ihre Form beibehalten. Bei 215° C zeigen die aufeinanderliegenden Fasern starke Auflösungserscheinungen, verlieren ihre Form und werden zu einer zähen, breiigen Masse. Die Einzelfasern behalten auch bei dieser Temperatur noch immer ihre Form bei, auf ihnen ruht nicht der Druck des Deckgläschens. Es läßt sich bei den untersuchten Rhovylfasern sowohl im Schmelzpunktröhrchen als auch mit dem Heiztischmikroskop kein klar erkennbarer Schmelzpunkt bestimmen, das Plastischwerden und Verkleben der Fasern verläuft auf dem Heiztisch über einen Temperaturbereich von 205 bis 210° C.

4. Bestimmung des Schmelzpunktes nach Schwertassek unter Verwendung höherer Belastungen

Dem Praktiker steht nur selten ein Heiztischmikroskop zur Schmelzpunktbestimmung zur Verfügung, und er wird bei der Untersuchung von Fasern als einfache Labormethode das Verfahren nach Schwertassek einsetzen.
Die von Schwertassek vorgeschlagene Belastung von 0,5 mg/denier läßt sich, wie in Abschnitt 2.42 beschrieben, am einfachsten mit Hilfe eines kleinen Glasbügels erreichen, der in die Fadenschlinge eingehängt wird. Das am Faden wirksame Gewicht des Glasbügels im Paraffin ändert sich bei Temperaturerhöhung. Diese geringfügige Gewichtsveränderung haben wir bei unseren Versuchen nicht berücksichtigt, sondern zur Berechnung des Auftriebes die Dichte des Paraffins bei seinem Schmelzpunkt (ca. 60° C) eingesetzt. Hierdurch machen wir bei allen Messungen einen kleinen Fehler, der aber, wie die späteren Untersuchungen zeigen, vernachlässigt werden kann, da er auf die Höhe der Schmelztemperatur praktisch keinen Einfluß ausübt.
Wir sind uns darüber klar, daß es sich beim Reißen eines Fadens unter verschieden hoher Belastung bei hoher Temperatur nicht um eine eigentliche Veränderung des *Schmelzpunktes* des vorliegenden Materials handelt, sondern daß bei diesen Untersuchungen lediglich das *Schmelzverhalten* dieser Faser charakterisiert wird.

4.1 Änderung des Schmelzverhaltens synthetischer Fasern bei höherer Belastung

Bei der Durchführung der Bestimmung des Schmelzpunktes nach der Methode von Schwertassek ist es für den Praktiker nicht immer leicht, solche Gewichtchen herzustellen, die genau einer Belastung von 0,5 mg/denier im Paraffinbad entsprechen. Wir haben deshalb versucht, die Belastungsgrenzen festzulegen, bei welchen die Schmelztemperatur der Fasern praktisch noch nicht beeinflußt wird. Bei Belastungen über 10 g benutzen wir an Stelle von Glasbügeln Messinggewichte.

4.11 Untersuchungen an Polyamidfasern

Für unsere Untersuchungen verwendeten wir Nylon 66 A 60/20 matt und Nylon 6 E 60/12 matt.
Die ermittelten Schmelztemperaturen mit den entsprechenden Belastungen sind in Tab. 5 wiedergegeben.

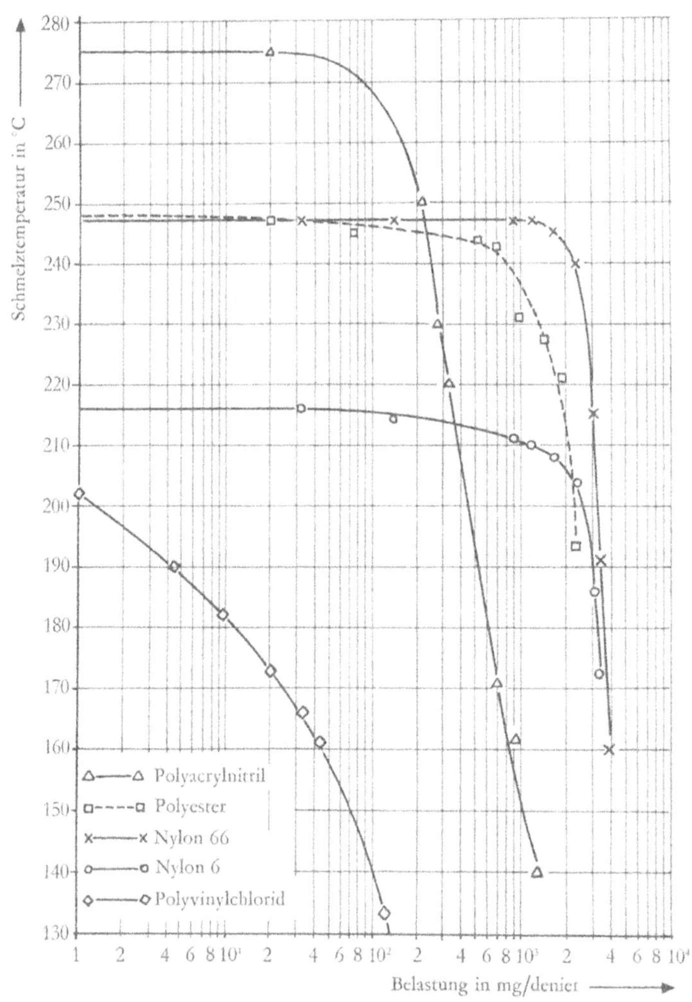

Abb. 5 Schmelzpunktveränderung durch Zunahme der Belastung bei der Methode SCHWERTASSEK

Tab. 5 Schmelztemperaturen von Polyamidfasern bei verschiedenen Belastungen

Belastung in mg/denier	Schmelztemperatur in °C Mittel aus 5 Messungen Nylon 66 A 60/20 matt	Nylon 6 E 60/12 matt
0,5	247	216
33	247	216
140	247	214
890	247	211
1190	247	210
1640	245	208
2380	240	204
3130	215	186
3430	191	175
3880	160	Faden reißt beim Einbringen in das 100° C heiße Paraffinbad sofort

Bei dem von uns untersuchten Nylon 66-Material findet bis zu einer Belastung von ca. 1000 mg/denier praktisch keine Beeinflussung der Schmelztemperatur statt. Wie aus der graphischen Darstellung in Abb. 5 (S. 20) hervorgeht, ist diese Grenze bei dem vorliegenden Nylon 6-Material bereits bei einer Belastung von ca. 50 mg/denier erreicht.

4.12 Untersuchungen an Polyesterfasern

Für unsere Untersuchungen verwendeten wir Polyesterfaser A 100/36 glänzend. Die ermittelten Schmelztemperaturen mit den entsprechenden Belastungen sind in Tab. 6 wiedergegeben.

Tab. 6 Schmelztemperaturen von Polyesterfaser A 100/36 glänzend bei verschiedener Belastung

Belastung in mg/denier	Schmelztemperatur in °C Mittel aus 5 Werten
0,5	248
20	247
75	245
520	244
700	243
980	231
1420	227
1870	221
2050	210
2320	193

Bei dem von uns untersuchten Polyestermaterial findet bei Erhöhung der Belastung bis zu ca. 20 mg/denier praktisch keine Beeinflussung der Schmelztemperatur statt.

4.13 Untersuchungen an Polyacrylnitrilfasern

Für unsere Untersuchung verwendeten wir Polyacrylnitrilfaser I 75/36 matt. Die ermittelten Schmelztemperaturen mit den entsprechenden Belastungen sind in Tab. 7 wiedergegeben.

Tab. 7 Schmelztemperaturen von Polyacrylnitrilfaser I 75/36 matt bei verschiedener Belastung

Belastung in mg/denier	Schmelztemperatur in °C Mittel aus 5 Werten
0,5	bei 275° C noch kein Reißen
20	bei 275° C noch kein Reißen
220	250
280	230
340	220
700	171
940	162
1300	140

Bei dem von uns untersuchten Polyacrylnitrilmaterial I findet bei Erhöhung der Belastung bis zu ca. 30 mg/denier praktisch keine Beeinflussung der Schmelztemperatur statt.

4.14 Untersuchungen an Polyvinylchloridfasern

Für unsere Untersuchungen verwendeten wir Polyvinylchloridfasern 200/64 matt. Die ermittelten Schmelztemperaturen mit den entsprechenden Belastungen sind in Tab. 8 wiedergegeben.

Tab. 8 Schmelztemperaturen von Polyvinylchloridfaser 200/64 matt bei verschiedener Belastung

Belastung in mg/denier	Schmelztemperatur in °C Mittel aus 5 Werten
0,5	207
1	202
4,5	190
9,5	182
20,5	173
34	166
44	161
125	133
250	112

Bei dem von uns untersuchten Polyvinylchloridmaterial tritt mit zunehmender Belastung eine sofortige Erniedrigung der Schmelztemperatur ein.

4.15 Schlußbetrachtung

Bei der Schmelzpunktbestimmung nach Schwertassek tritt je nach Art und dem speziellen Aufbau der synthetischen Fasern bei Steigerung der Belastung ein Absinken der Schmelztemperatur ein. Bis zu einem Schwellenwert der Belastung ist eine Änderung praktisch nicht mit Hilfe dieser Methode zu erkennen. Eine Ausnahme bildet die Polyvinylchloridfaser, hier werden schon bei geringer Belastungszunahme deutliche Schmelztemperaturerniedrigungen gefunden. Die Tab. 9 bringt die Zusammenstellung der Belastungsgrenzen, bis zu welchen bei den von uns untersuchten Materialien praktisch keine Veränderungen der Schmelztemperatur beobachtet werden konnten.

Tab. 9 Belastungsgrenzen bei der Schmelztemperaturbestimmung in flüssigem Paraffin nach Schwertassek

Material	Belastung in mg/denier, ohne daß eine Veränderung der Schmelztemperatur der Faser eintritt
Nylon 66	ca. 1000
Nylon 6	ca. 50
Polyester	ca. 20
Polyacrylnitril	ca. 30
Polyvinylchlorid	ca. 0,5

Die Abb. 5 (S. 20) zeigt die graphische Darstellung der Schmelztemperaturveränderung verschiedener synthetischer Fasern durch Zunahme der Belastung bei der Methode Schwertassek.

5. Zusammenfassung

Hochpolymere, wie z.B. vollsynthetische Fasern (Polyamide, Polyester usw.), zeigen keinen eigentlichen Schmelzpunkt im üblichen Sinne, sie schmelzen nicht bei einer scharf definierten Temperatur, und man spricht daher besser von einem Schmelzbereich. Trotzdem hat sich der Ausdruck »Schmelzpunkt« in der Praxis auch für diese Stoffe durchgesetzt. Die verschiedenen Methoden der Schmelzpunktbestimmung werden beschrieben, und durch Untersuchungen konnte dabei festgestellt werden, daß je nach der Art des Verfahrens verschiedene Schmelzpunkte an demselben Material erhalten werden. Die Streuung der Einzelwerte bei der Schmelzpunktbestimmung ist weniger bedingt durch Vorliegen einer Faser mit ungleichmäßigen Eigenschaften als vielmehr durch kleine Differenzen bei der Durchführung der Messung selbst. Besonders geeignet zur Bestimmung der Schmelzpunkte sind Heiztischmikroskope, da sie eine gute Beobachtung der Faser im kritischen Bereich des Schmelzens zulassen. Als einfache Labormethode kann die Schmelzpunktbestimmung im Paraffinbad unter sehr geringer Belastung herangezogen werden, obgleich hier stets niedrigere Schmelzpunkte gefunden wurden. Es ist daher notwendig, bei Angabe des Schmelzpunktes die Art der Bestimmungsmethode mit anzugeben.

Wir haben weiterhin untersucht, welche Veränderungen die Schmelztemperaturen der vollsynthetischen Fasern im Paraffinbad erfahren, wenn die Belastung erhöht wird, und haben versucht, die Belastungsgrenzen festzulegen, bei welchen die Schmelztemperaturen praktisch noch nicht beeinflußt werden. Diese Grenzen sind abhängig von der Art und dem speziellen Aufbau der Faser.

Dr. rer. nat. Werner Bubser

6. Literaturverzeichnis

[1] Kramer, B., Melliand Textilberichte 36 (1955), S. 919–926.

[2] Bunn, C.W., in: »Fibres from synthetic polymers« (herausgegeben von R. Hill, Elsevier Publishing Co., London 1953).

[3] Ulrich, H. M., in: »Handbuch der chemischen Untersuchung der Textilfaserstoffe« Bd. II, Verlag Springer, Wien 1956.

[4] Gattermann, L., »Die Praxis des organischen Chemikers«, Verlag W. de Gruyter, Berlin.

[5] Preston, J. M., J. Text. Inst. 40 (1949), T 767.

[6] Ulrich, H. M., in: »Handbuch der chemischen Untersuchung der Textilfaserstoffe« Bd. I, Verlag Springer, Wien 1954.

[7] Ludwig, H., Faserforschung und Textiltechnik 3 (1952), S. 354.

[8] Schwertassek, K., Faserforschung und Textiltechnik 6 (1955), S. 45.

[9] Vosburgh, W. G., Text. Res. J. Nov. 1960, S. 882–896.

[10] Bobeth, W., Faserforschung und Textiltechnik 5 (1954), S. 115–130 und 168–170.

FORSCHUNGSBERICHTE
DES LANDES NORDRHEIN-WESTFALEN

Herausgegeben im Auftrage des Ministerpräsidenten Dr. Franz Meyers
von Staatssekretär Prof. Dr. h.c. Dr.-Ing. E. h. Leo Brandt

Textilforschung

Gliederungsübersicht

Allgemeines, Textilphysik, Textilchemie, Textilrohstoffe

Raumklima in Textilindustriebetrieben; insbesondere elektrostatische Raumluftaufladung und relative Luftfeuchtigkeit

Spinnereivorbereitung (Verfahren und Maschinen)

Spinnerei und Zwirnerei (Verfahren und Maschinen)

Nachbehandlung von Garnen und Zwirnen

Beurteilung fertiger Garne und Zwirne nach Herstellungsverfahren und Eigenschaften

Webereivorbereitung (Verfahren und Maschinen)

Weberei (Verfahren und Maschinen)

Beurteilung von Geweben und anderen textilen Flächengebilden nach Herstellungsverfahren und Eigenschaften

Textilveredlung (Bleichen, Färben, Drucken, Ausrüsten)

Arbeitsvorgänge und Maschinen in der Bekleidungsindustrie

Gebrauchsfragen einschließlich Wäscherei und Chemischreinigung

Textilprüfverfahren, Textilprüfgeräte

Betriebswirtschaftliche Untersuchungen auf dem Textilgebiet

Volkswirtschaftliche Untersuchungen auf dem Textilgebiet

Allgemeines, Textilphysik, Textilchemie, Textilrohstoffe

HEFT 34
Prof. Dr. rer. nat. Wilhelm Weltzien, Krefeld
Quellungs- und Entquellungsvorgänge bei Faserstoffen
1953, 52 Seiten, 13 Abb., 13 Tabellen, DM 9,80

HEFT 35
Prof. Dr. phil. nat. Wilhelm Kast, Krefeld
Röntgenographische Feinstrukturuntersuchungen an künstlichen Zellulosefasern verschiedener Herstellungsverfahren.
Teil I: Der Orientierungszustand
1953, 74 Seiten, 30 Abb., 7 Tabellen, DM 13,80

HEFT 64
Prof. Dr. rer. nat. Wilhelm Weltzien und Dr. rer. nat. habil. Johannes Juilfs, Krefeld
Die Kettenlängenverteilung von hochpolymeren Faserstoffen
Über die fraktionierte Fällung von Polyamiden (I)
1954, 44 Seiten, 13 Abb., DM 8,60

HEFT 93
Prof. Dr. phil. nat. Wilhelm Kast, Krefeld
Spinnversuche zur Strukturerfassung künstlicher Zellulosefasern
1954, 82 Seiten, 39 Abb., 6 Tabellen, DM 16,—

HEFT 173
Prof. Dr. phil. nat. Rolf Hosemann und Dipl.-Phys. Günter Schoknecht, Berlin, vorgelegt von Prof. Dr. phil. nat. Wilhelm Kast, Krefeld
Lichtoptische Herstellung und Diskussion der Faltungsquadrate parakristalliner Gitter
1956, 108 Seiten, 63 Abb., 6 Tabellen, DM 24,70

HEFT 260
Prof. Dr. phil. nat. Herbert A. Stuart und Dipl.-Phys. Heinz Gerhard Fendler, Hannover, vorgelegt durch Prof. Dr. phil. nat. Wilhelm Kast, Freiburg (Breisgau)
Lichtzerstreuungsmessungen an Lösungen hochpolymerer Stoffe
1956, 70 Seiten, 20 Abb., 5 Tabellen, DM 15,60

HEFT 261
Prof. Dr. phil. nat. Wilhelm Kast, Freiburg (Br.)
Röntgenographische Feinstrukturuntersuchungen an künstlichen Zellulosefasern verschiedener Herstellungsverfahren.
Teil II: Der Kristallisationszustand
1956, 80 Seiten, 27 Abb., 11 Tabellen, DM 17,20

HEFT 301
Prof. Dr. rer. nat. Wilhelm Weltzien, Dr. rer. nat. Gerda Cossmann und Peter Diehl, Krefeld
Über die fraktionierte Fällung von Polyamiden (II)
1956, 54 Seiten, 1 Abb., 16 Tabellen, DM 11,30

HEFT 433
Dr.-Ing. Günther Satlow, Aachen
Über einige physikalische und chemische Eigenschaften der Wolle von der gewaschenen Wolle bis zum Kammzug
1957, 72 Seiten, 15 Abb., 19 Tabellen, DM 15,25

HEFT 614
Prof. Dr. rer. nat. Wilhelm Weltzien, Dr. rer. nat. habil. Johannes Juilfs und Dr. rer. nat. Werner Bubser, Krefeld
Die Textilforschungsanstalt Krefeld 1920—1958
Ein Bericht zur Einweihung ihres Neubaus Frankenring 2
1958, 78 Seiten, 11 Abb., 5 Baupläne, DM 23,80

HEFT 731
Dr.-Ing. Günther Satlow, Aachen
Hautwolle und Schurwolle. Eine Gegenüberstellung ihrer wichtigsten chemischen und physikalischen Eigenschaften
1959, 96 Seiten, 4 Abb., 31 Tabellen, DM 23,60

HEFT 790
Prof. Dr. phil. nat. Wilhelm Kast, Freiburg/Breisgau und Dipl.-Ing. Victor Elsässer, Leverkusen
Fließvorgänge in der Spinndüse und dem Blaukonus des Cuoxam-Verfahrens
1960, 131 Seiten, 59 Abb., 37 Tabellen, DM 36,50

HEFT 839
Prof. Dr. rer. nat. habil. Johannes Juilfs, Krefeld
Zur Bestimmung der Absolutdichte von Fasern
1960, 24 Seiten, 5 Abb., 3 Tabellen, DM 8,10

HEFT 879
Dipl.-Chem. Dr. rer. nat. Hans-Günther Fröhlich, Mönchengladbach
Einsatz von künstlichen Eiweißfasern in Mischung mit Wolle und Kaninhaar zur Herstellung von Hutfilzen
1960, 42 Seiten, 15 Abb., 10 Tabellen, DM 12,90

HEFT 1084
Dr.-Ing. Günther Satlow, Deutsches Wollforschungsinstitut an der Rhein.-Westf. Technischen Hochschule Aachen
Charakteristische Eigenschaften von Rohwollen.
1962, 67 Seiten, 15 Abb., 11 Tabellen, DM 33,80

HEFT 1106
Dr. rer. nat. Werner Bubser und Dr. rer. nat. Walter Fester, Textilforschungsanstalt, Krefeld
Quell- und Lösereaktionen an Polyesterfasern zur Untersuchung von deren Veränderungen und Schädigungen.
1962, 34 Seiten, 14 Abb., 13 Tabellen, DM 16,—

HEFT 1132
Dr. rer. nat. Werner Bubser und Dr. rer. nat. Walter Fester, Textilforschungsanstalt, Krefeld
Untersuchungen über die Anwendung der Trübungstitration bei Polyamiden.
1962, 33 Seiten, 19 Abb., DM 14,50

HEFT 1154
Dr.-Ing. Günter Blankenburg,
Deutsches Wollforschungsinstitut an der Rhein.-Westf. Technischen Hochschule Aachen
Chemische und physikalische Eigenschaften von unveränderter und veränderter Wolle in Beziehung zum Filzvermögen.
1963, 96 Seiten, 38 Abb., 35 Tabellen, DM 43,80

HEFT 1156
Dr. rer. nat. Hans Hendrix und
Dr. rer. nat. Walter Fester,
Textilforschungsanstalt, Krefeld
Potentiometrische Endgruppenbestimmung an synthetischen Fasern.
Die Bestimmung der sauren Endgruppen an Polyester- und Polyacrylnitrilfasern.
1963, 23 Seiten, 3 Abb., 2 Tabellen, DM 10,70

HEFT 1157
Dr. rer. nat. Walter Fester und
Dr. rer. nat. Hans Hendrix,
Textilforschungsanstalt, Krefeld
Analytische Untersuchungen an Polyacrylnitril- und Polyesterfasern.
1963, 25 Seiten, 5 Abb., 5 Tabellen, DM 10,40

HEFT 1205
Dr. rer. nat. Werner Bubser,
Textilforschungsanstalt, Krefeld
Vergleichende Bestimmungen des Schmelzpunktes an synthetischen Faserstoffen.

HEFT 1212
Dr. rer. nat. Heimo Pfeifer, Textil-Technisches Institut der Vereinigten Glanzstoff-Fabriken AG und Deutsches Wollforschungsinstitut an der Rhein.-Westf. Technischen Hochschule Aachen
Über den hydrolytischen und aminolytischen Abbau von Polyesterfasern
In Vorbereitung

Raumklima in Textilindustriebetrieben; insbesondere elektrostatische Raumluftaufladung und relative Luftfeuchtigkeit

HEFT 273
Karl H. W. Tacke, Wuppertal-Barmen
Erfahrungen beim Verspinnen von Perlonfasern und bei der Herstellung von Trikotagen aus gesponnenem Perlon
1956, 36 Seiten, DM 7,90

HEFT 897
Prof. Dr.-Ing. Walther Wegener und
Dipl.-Ing. Dieter Quambusch, Aachen
Zusammenhang zwischen dem Raumklima und der elektrostatischen Aufladung des Spinnmaterials
1960, 86 Seiten, 44 Abb., 5 Tabellen, DM 23,90

HEFT 1119
Prof. Dr. Hans Israel, Dozent für Geophysik und Meteorologie an der Technischen Hochschule Aachen und Dipl.-Ing. H. Bücker
Raumklimatische Untersuchungen im Zusammenhang mit Spinnereiproblemen unter besonderer Berücksichtigung der elektrischen Eigenschaften klimatischer Luft.
In Vorbereitung

Spinnereivorbereitung (Verfahren und Maschinen)

HEFT 97
Obering. Herbert Stein, Mönchengladbach
Ermittlung der Haft-Gleiteigenschaften von Faserbändern und Vorgarnen
2. Bericht der Reihe: Untersuchungen der Verzugsvorgänge an den Streckwerken verschiedener Spinnereimaschinen
1955, 98 Seiten, 34 Abb., DM 21,—

HEFT 397
Dipl.-Ing. Waldemar Rohs und
Dipl.-Ing. Rudolf Otto, Bielefeld
Ungleichmäßigkeiten in Bändern von Bastfaserkarden, ihre Ursachen und Auswirkungen
1957, 60 Seiten, 16 Abb., 42 Diagramme, DM 14,80

HEFT 435
Dipl.-Ing. Waldemar Rohs und
Dipl.-Ing. Ludwig Steinmetz, Bielefeld
Die Massenungleichmäßigkeit von Flachsstreckenbändern in Abhängigkeit von Verzug und Dopplung
1957, 42 Seiten, 4 Abb., 2 Tabellen, DM 9,90

HEFT 479
Prof. Dr.-Ing. Walther Wegener, Aachen, und
Dipl.-Ing. Herbert Fourné, Bochum
Ursachen des Überschreitens der Toleranzgrenze nach oben oder unten (Meter pro Gramm) an der Strecke
1957, 60 Seiten, 17 Abb., 3 Tabellen, DM 14,60

HEFT 609
Dipl.-Ing. Waldemar Rohs und
Dipl.-Ing. Ludwig Steinmetz, Bielefeld
Verteilung der Bastfasern im Verzugsfeld einer Nadelabstrecke
1958, 42 Seiten, 10 Abb., 2 Tabellen, DM 13,45

HEFT 732
Dipl.-Ing. Waldemar Rohs und
Dipl.-Ing. Rudolf Otto, Bielefeld
Messung von Verzugskräften in Nadelfeldern von Bastfaserstrecken
1959, 40 Seiten, 9 Abb., 4 Tabellen, DM 11,60

HEFT 818
Prof. Dr.-Ing. Walther Wegener, Aachen
Grundlegende Untersuchungen zur Frage der Spinnavivierung von Rohbaumwolle
1959, 38 Seiten, 20 Abb., 5 Tabellen, DM 10,70

HEFT 846
Obering. Herbert Stein und
Ing. Martin Eidelsburger, Mönchengladbach
Untersuchungen an Baumwollkarden zwecks Ermittlung der Fehlerursachen für Dickeschwankungen *1960, 46 Seiten, 23 Abb., DM 14,30*

HEFT 847
Obering. Herbert Stein und
Ing. Martin Eidelsburger, Mönchengladbach
Untersuchungen über den Ablauf der Arbeitsvorgänge bei Schlagmaschinen in Baumwoll- und Zellwollaufbereitungsanlagen
1960, 54 Seiten, 29 Abb., DM 16,70

HEFT 896
Prof. Dr.-Ing. Walther Wegener, Aachen
Einfluß der höheren Vorgarndrehung geflyerter Lunten auf die Ungleichmäßigkeit und die dynamometrischen Eigenschaften des fertigen Garnes
1960, 32 Seiten, 12 Abb., 3 Tabellen, DM 9,20

Spinnerei und Zwirnerei (Verfahren und Maschinen)

HEFT 13
Dipl.-Ing. Waldemar Rohs und
Textil-Ing. Gustav Heller, Bielefeld
Das Naßspinnen von Bastfasergarnen mit chemischen Zusätzen zum Spinnbad
1953, 52 Seiten, 4 Abb., 19 Tabellen, DM 10,—

HEFT 238
Obering. Herbert Stein, Mönchengladbach
Theoretische Betrachtungen über den Einfluß schlagender Zylinder und Druckrollen
3. Bericht der Reihe: Untersuchungen der Verzugsvorgänge an den Streckwerken verschiedener Spinnereimaschinen
1956, 66 Seiten, 21 Abb., DM 14,10

HEFT 340
Dipl.-Ing. Waldemar Rohs und
Dipl.-Ing. Rudolf Otto, Bielefeld
Das Naßspinnen von Bastfasergarnen mit Spinnbadzusätzen unter Ausnutzung einer zentralen Spinnwasserversorgungsanlage
1956, 56 Seiten, 2 Abb., 6 Tabellen, DM 11,60

HEFT 378
Obering. Herbert Stein, Mönchengladbach
Beobachtung und meßtechnische Erfassung der Vorgänge im Spinn- und Aufwindefeld von Ringspinn- und Ringzwirnmaschinen
1957, 104 Seiten, 88 Abb., 3 Tabellen, DM 26,90

HEFT 918
Obering. Herbert Stein, Mönchengladbach
Ermittlung des Einflusses verschiedener Streckwerkseinstellungen und der verwendeten Konstruktionsteile auf die Verzugsvorgänge
4. Bericht der Reihe: Untersuchungen der Verzugsvorgänge an den Streckwerken verschiedener Spinnereimaschinen
1960, 44 Seiten, 5 Abb. 13 Tabellen, DM 13,70

HEFT 920
Dipl.-Ing. Rudolf Otto und
Textil-Ing. Manfred Le Claire
Fadenspannungen beim Naßringspinnen von Bastfasern in ihrer Abhängigkeit von Fadenführung und Gestaltung von Ring und Läufer
1960, 54 Seiten, 18 Abb., 14 Tabellen, DM 16,40

HEFT 937
Dipl.-Ing. Waldemar Rohs, Dipl.-Ing. Rudolf Otto und
Textil-Ing. Hugo Griese, Bielefeld
Trockenspinnverfahren für Leinengarne und Einsatz trocken gesponnener Garne in der Leinenweberei
1960, 56 Seiten, 14 Abb., 14 Tabellen, DM 19,90

HEFT 1166
Oberingenieur Herbert Stein,
Institut für textile Meßtechnik Mönchengladbach
Vergleich des Band-Spinnens von Baumwolle und Chemiefasern (ohne Fleyerpassage) mit dem klassischen Baumwollspinnverfahren.

Nachbehandlung von Garnen und Zwirnen

HEFT 20
Dipl.-Ing. Waldemar Rohs, Dr.-Ing. Günther Satlow und Textil-Ing. Gustav Heller, Bielefeld
Trocknung von Leinengarnen I
Vorgang und Einwerkung auf die Garnqualität
1953, 62 Seiten, 18 Abb., 5 Tabellen, DM 12,—

HEFT 21
Dipl.-Ing. Waldemar Rohs, Dr.-Ing. Günther Satlow und Textil-Ing. Gustav Heller, Bielefeld
Trocknung von Leinengarnen II
Spulenanordnung und Luftführung beim Trocknen von Kreuzspulen
1953, 66 Seiten, 22 Abb., 9 Tabellen, DM 13,—

HEFT 79
Dipl.-Ing. Waldemar Rohs, Dr.-Ing. Günther Satlow und Textil-Ing. Gustav Heller, Bielefeld
Trocknung von Leinengarnen III
Spinnspulen- und Spinnkopstrocknung
Vorgang und Einwirkung auf die Garnqualität
1954, 74 Seiten, 18 Abb., 10 Tabellen, DM 14,—

HEFT 172
Dipl.-Ing. Waldemar Rohs, Dr.-Ing. Günther Satlow und Textil-Ing. Gustav Heller, Bielefeld
Trocknung von Hanfgarnen
Kreuzspultrocknung
1955, 60 Seiten, 7 Abb., 4 Tabellen, DM 10,30

HEFT 185
Dipl.-Ing. Waldemar Rohs und
Textil-Ing. Gustav Heller, Bielefeld
Studien an einem neuzeitlichen Kreuzspultrockner für Bastfasergarne mit Wiederbefeuchtungszone
1955, 52 Seiten, 9 Abb., 3 Tabellen, DM 10,70

HEFT 442
Dipl.-Ing. Waldemar Rohs, Textil-Ing. Hugo Griese und Textil-Ing. Walter Lauer, Bielefeld
Die Auswirkungen der Trocknungsart naßgesponnener Leinengarne auf deren Verarbeitungswirkungsgrad sowie auf die Festigkeits- und Dehnungseigenschaften der Garne und Gewebe
1957, 28 Seiten, 2 Abb., 3 Tabellen, DM 6,50

Beurteilung fertiger Garne und Zwirne nach Herstellungsverfahren und Eigenschaften

HEFT 196
Dipl.-Ing. Waldemar Rohs und Textil-Ing. Hugo Griese, Bielefeld
Auswirkungen von Garnfehlern bei der Verarbeitung von Leinengarnen
1955, 24 Seiten, 3 Abb., 6 Tabellen, DM 7,80

HEFT 339
Prof. Dr.-Ing. Walther Wegener und Dipl.-Ing. Willi Zahn, Aachen
Vergleich des normalen mit verschiedenen abgekürzten Baumwollspinnverfahren in bezug auf Gleichmäßigkeit und Sortierungsstreuung der Garne
1956, 56 Seiten, 17 Abb., 17 Tabellen, DM 12,70

HEFT 632
Prof. Dr.-Ing. Walther Wegener, Aachen
Aufstellung und Vergleich von Variance-within- und Variance-between-Kurven von Garnen, die nach verschiedenen Spinnverfahren hergestellt werden
1958, 76 Seiten, 35 Abb., DM 19,10

HEFT 699
Oberstudiendirektor Dr.-Ing. Erich Wagner, Wuppertal-Barmen
Studium der Drehungsverhältnisse an Perlon- und Nylongarnen zur Herstellung von Strumpfgewirken
1959, 30 Seiten, 11 Abb., DM 9,20

Webereivorbereitung (Verfahren und Maschinen)

HEFT 9
Dipl.-Ing. Waldemar Rohs und Textil-Ing. Gustav Heller, Bielefeld
Untersuchungen über die zweckmäßige Wicklungsart von Leinengarnkreuzspulen unter Berücksichtigung der Anwendung hoher Geschwindigkeiten des Garnes
Vorversuche für Zetteln und Schären von Leinengarnen auf Hochleistungsmaschinen
1952, 48 Seiten, 7 Abb., 7 Tabellen, DM 9,25

HEFT 19
Dipl.-Ing. Waldemar Rohs und Textil-Ing. Hugo Griese, Bielefeld
Die Auswirkung des Schlichtens von Leinengarnketten auf den Verarbeitungswirkungsgrad sowie die Festigkeit und Dehnungsverhältnisse der Garne und Gewebe
1953, 48 Seiten, 1 Abb., 9 Tabellen, DM 9,—

HEFT 63
Prof. Dr. rer. nat. Wilhelm Weltzien und Dipl.-Chem. Paul Ringel, Krefeld
Neue Methoden zur Untersuchung der Wirkungsweise von Textilhilfsmitteln
Untersuchungen über Schlichtungs- und Entschlichtungsvorgänge
1954, 34 Seiten, 1 Abb., 5 Tabellen, DM 6,80

HEFT 338
Prof. Dr.-Ing. Walther Wegener, Aachen, und Dipl.-Ing. Josef Schneider, Mönchengladbach
Die Bedeutung der Knotenart für die Herabminderung der Fadenbrüche
1956, 40 Seiten, 6 Abb., 17 Tabellen, DM 9,80

HEFT 434
Dipl.-Ing. Waldemar Rohs und Dr. rer. nat. Ingeborg Geurten, Bielefeld
Schlichten für Baumwollgarne
1957, 96 Seiten, 3 Abb., zahlr. Tabellen, DM 23,70

HEFT 654
Obering. Herbert Stein und Textil-Ing. Herbert v. d. Weyden, Mönchengladbach, Dipl.-Ing. Waldemar Rohs und Textil-Ing. Hugo Griese, Bielefeld
Untersuchungen an Spulvorrichtungen in der Leinen- und Halbleinenweberei
1958, 98 Seiten, 29 Abb., 33 Tabellen, DM 23,80

HEFT 885
Dr. rer. nat. Ingeborg Lambrinou-Geurten, Krefeld
Einfluß von Fettzusätzen auf das rheologische Verhalten von Schlichteflotten
1960, 58 Seiten, 18 Abb., 3 Tabellen, DM 16,50

HEFT 917
Obering. Herbert Stein und Ing. Gerhard Hoischen, Mönchengladbach
Ermittlung der Vorgänge beim Benetzen und Trocknen von Fäden unter besonderer Berücksichtigung der Arbeitsweise von Schlichtmaschinen
1960, 78 Seiten, 75 Abb., DM 24,10

Weberei (Verfahren und Maschinen)

HEFT 3
Dipl.-Ing. Waldemar Rohs und Textil-Ing. Hugo Griese, Bielefeld
Untersuchungsarbeiten zur Verbesserung des Leinenwebstuhls I
Anpassung der Streichbaumbewegung an die Schaftbewegung. Ermittlung der günstigsten Streichbaumlage
1952, 44 Seiten, 7 Abb., 3 Tabellen, DM 12,50

HEFT 22
Dipl.-Ing. Waldemar Rohs und
Textil-Ing. Hugo Griese, Bielefeld
Die Reparaturanfälligkeit von Webstühlen
1953, 28 Seiten, 7 Abb., 5 Tabellen, DM 5,80

HEFT 41
Dipl.-Ing. Waldemar Rohs und
Textil-Ing. Hugo Griese, Bielefeld
Untersuchungsarbeiten zur Verbesserung des Leinenwebstuhles II
Das Verhalten verschiedener Kettfadenwächtersysteme
1953, 40 Seiten, 4 Abb., 5 Tabellen, DM 7,80

HEFT 80
Dipl.-Ing. Waldemar Rohs und
Textil-Ing. Hugo Griese, Bielefeld
Die Verarbeitung von Leinengarnen auf Webstühlen mit und ohne Oberbau
1954, 30 Seiten, 2 Abb., 2 Tabellen, DM 6,—

HEFT 92
Dipl.-Ing. Waldemar Rohs, Dr.-Ing. Günther Satlow
Textil-Ing. Hugo Griese, Bielefeld,
Obering. Herbert Stein und
Textil-Ing. Berthold Fischer, Mönchengladbach
Messungen von Vorgängen am Webstuhl
1954, 76 Seiten, 45 Abb., DM 15,50

HEFT 163
Dipl.-Ing. Waldemar Rohs und
Textil-Ing. Hugo Griese, Bielefeld
Untersuchungsarbeiten zur Verbesserung des Leinenwebstuhls III
Die Wirkung verschiedener Litzen
Die Stellung der Webschäfte
1955, 80 Seiten, 15 Abb., 18 Tabellen, DM 15,80

HEFT 226
Dipl.-Ing. Waldemar Rohs und
Textil-Ing. Hugo Griese, Bielefeld
Untersuchungen zur Verbesserung des Leinenwebstuhles IV
Die Wirkung verschiedener Kettbaumbremsen auf die Verwebung von Leinengarnen
1956, 64 Seiten, 9 Abb., 4 Tabellen, DM 13,50

HEFT 292
Dipl.-Ing. Waldemar Rohs und
Textil-Ing. Griese, Bielefeld
Webversuche an Leinenwebstühlen mit verbesserter Schaftbewegung
1956, 34 Seiten, 3 Abb., 2 Tabellen, DM 7,60

HEFT 379
Obering. Herbert Stein, Textil-Ing. F. W. Hanings, Mönchengladbach, Dipl.-Ing. Waldemar Rohs und Textil-Ing. Hugo Griese, Bielefeld
Schußfadenspannung beim Weben
1957, 76 Seiten, 17 Abb., 47 Diagramme, 3 Tabellen, DM 18,60

HEFT 494
Dipl.-Ing. Waldemar Rohs und
Textil-Ing. Hugo Griese, Bielefeld
Entwicklung und Erprobung eines verbesserten elektrischen Kettfadenwächtergeschirrs für die Leinen- und Halbleinenweberei
1957, 56 Seiten, 9 Abb., 11 Tabellen, DM 13,—

HEFT 621
Dipl.-Ing. Waldemar Rohs und
Textil-Ing. Hugo Griese, Bielefeld
Untersuchungen zur Verbesserung des Leinenwebstuhles V
Kettbaumbremsen und -regulatoren
1958, 42 Seiten, 6 Abb., 8 Tabellen, DM 11,30

HEFT 869
Dipl.-Ing. Waldemar Rohs und
Textil-Ing. Hugo Griese, Bielefeld
Zusammenwirken von Kett- und Schußfadenspannungen und ihr Einfluß auf den Gewebeausfall
1960, 32 Seiten, 4 Abb., 6 Tabellen, DM 9,90

HEFT 1167
Textil-Ing. Hugo Griese, Techn.
Wissenschaftliches Büro für die
Bastfaserindustrie, Bielefeld
Verbesserung der Wirtschaftlichkeit und des Warenausfalls durch zusätzliche Befeuchtung der verarbeiteten Garne in der Leinen- und Halbleinenweberei.
1962, 33 Seiten, 12 Abb., 6 Tabellen, DM 17,20

Beurteilung von Geweben und anderen textilen Flächengebilden nach Herstellungsverfahren und Eigenschaften

HEFT 29
Dipl.-Ing. Waldemar Rohs
Die Ausnützung der Leinengarne in Geweben
1953, 100 Seiten, 14 Abb., 10 Tabellen, DM 17,80

HEFT 674
Dipl.-Ing. Waldemar Rohs, Bielefeld
Die Ausnutzung der Garnfestigkeit in Halbleinengeweben
1958, 60 Seiten, 6 Abb., DM 14,30

HEFT 749
Dipl.-Ing. Waldemar Rohs und
Textil-Ing. Hugo Griese, Bielefeld
Einfluß verschiedener Webfaktoren auf die Krumpfung von Halbleinen- und Baumwollgeweben
1959, 28 Seiten, 2 Abb., 10 Tabellen, DM 8,60

HEFT 1002
Prof. Dr.-Ing. Walther Wegener und
Dipl.-Ing. Hans Peuker
Die Beziehungen zwischen der Garngleichmäßigkeit und dem Warenbild textiler Flächengebilde
1961, 128 Seiten, 3 Tabellen, DM 42,40

HEFT 1240
Dipl.-Ing. Waldemar Rohs und Dipl.-Ing. Rudolf Otto, Techn.-Wissenschaftliches Büro für die Bastfaserindustrie, Bielefeld
Verbesserung der Verarbeitungseigenschaften von Bastfasergarnen durch Beigabe einer Chemiefaserkomponente

Textilveredlung (Bleichen, Färben, Drucken, Ausrüsten)

HEFT 32
Dipl.-Ing. Waldemar Rohs und Textil-Ing. Hugo Griese, Bielefeld
Der Einfluß der Natriumchloritbleiche auf Qualität und Verwebbarkeit von Leinengarnen und die Eigenschaften der Leinengewebe unter besonderer Berücksichtigung des Einsatzes von Schützen- und Spulenwechselautomaten in der Leinenweberei
1953, 64 Seiten, 2 Abb., 12 Tabellen, DM 11,50

HEFT 69
Dipl.-Ing. Heinz Vollenbruck, Krefeld
Bestimmung des Faserabbaues bei Leinen unter besonderer Berücksichtigung der Leinengarnbleiche
1954, 48 Seiten, 15 Abb., 3 Tabellen, DM 9,60

HEFT 161
Prof. Dr. rer. nat. Wilhelm Weltzien und Dr. rer. nat. Gerd Hauschild, Krefeld
Über Silikone und ihre Anwendung in der Textilveredlung
1955, 162 Seiten, 22 Abb., 10 Tabellen, DM 27,—

HEFT 452
Prof. Dr. rer. nat. Wilhelm Weltzien und Dr. phil. nat. Karin Windeck, Krefeld
Veränderungen an Fasern bei der Bleiche mit Natriumchlorid und über einige Vergilbungserscheinungen
1957, 64 Seiten, 3 Abb., 13 Tabellen, DM 14,85

HEFT 496
Dipl.-Chem. Peter Vogel, Krefeld
Färberische Eigenschaften von zur Herstellung von Verdickungen in der Stoffdruckerei bestimmter Stoffen
1957, 38 Seiten, 3 Abb., 3 Tabellen, DM 9,30

HEFT 498
Prof. Dr.-Ing. Helmut Zahn und Dr. rer. nat. Wolfgang Gerstner, Aachen
Herstellung säurefester technischer Gewebe
1957, 40 Seiten, 8 Tabellen, DM 9,65

HEFT 501
Dipl.-Ing. Waldemar Rohs und Dr. rer. nat. Ingeborg Geurten, Bielefeld
Untersuchungen in der Leinengarnbleiche
1958, 50 Seiten, 5 Abb., 5 Tabellen, DM 11,50

HEFT 761
Dr. rer. nat. Ingeborg Lambrinou-Geurten, Bielefeld
Untersuchungen zur rationellen Durchfärbbarkeit von Bastfasergarnen
1959, 54 Seiten, 1 Abb., 16 Tabellen, DM 14,10

HEFT 816
Dr. rer. nat. Helmut Pfannmüller, Textil-Chemikerin Margret Pfannmüller und Prof. Dr.-Ing. Helmut Zahn, Aachen
Die Bewetterung chemisch modifizierter Wollgarne
1960, 28 Seiten, DM 10,10

HEFT 1020
Dr. rer. nat. Ingeborg Lambrinou-Geurten, Bielefeld
Das Bleichen von Pflanzenfasern mit Chlordioxyd-Erprobung eines neuen Bleichverfahrens in der Leinengarnbleiche
1961, 40 Seiten, 10 Abb., 6 Tabellen, DM 14,20

Arbeitsvorgänge und Maschinen in der Bekleidungsindustrie

HEFT 940
Dr.-Ing. Günther Satlow und Dr. rer. nat. Tarsilla Gerthsen, Aachen
Einfluß des Bügelns mit der Hoffmann-Presse auf einige Eigenschaften der Wolle
1960, 46 Seiten, 21 Tabellen, DM 13,50

Gebrauchsfragen einschließlich Wäscherei und Chemischreinigung

HEFT 15
Dipl.-Ing. Herbert Schmidt, Krefeld
Trocknen von Wäschestoffen
I. Lufttrocknung: Untersuchungen an Tumblern
1953, 40 Seiten, 14 Abb., 2 Tabellen, DM 9,—

HEFT 70
Dipl.-Ing. Herbert Schmidt, Krefeld
Trocknen von Wäschestoffen
II. Kontakttrocknung: Untersuchungen über den Trockenvorgang und die Wäschebeanspruchung bei der Kontakttrocknung
1954, 42 Seiten, 18 Abb., 3 Tabellen, DM 10,—

HEFT 84
Dr. med. habil. Dr. phil. Heinz Baron, Düsseldorf
Über Standardisierung von Wundtextilien
1954, 32 Seiten, DM 6,40

HEFT 119
Dipl.-Ing. Herbert Schmidt, Krefeld
Wäscherei- und energietechnische Untersuchung einer Gemeinschafts-Waschanlage
1955, 50 Seiten, 18 Abb., DM 10,20

HEFT 159
Textil-Chem. Oskar Oldenroth, Krefeld
Das Bleichen von Weißwäsche mit Wasserstoffsuperoxyd bzw. Natriumhypochlorid beim maschinellen Waschen
1955, 54 Seiten, 23 Abb., 2 Tabellen, DM 11,45

HEFT 171
Dipl.-Ing. Herbert Schmidt, Krefeld
Untersuchung der Wäscheentwässerung mit Hilfe von Zentrifugen und Pressen
1955, 42 Seiten, 16 Abb., 4 Tabellen, DM 9,70

HEFT 236
Dr.-Ing. Oswald Viertel und
Susanne Brückner-Lucas, Krefeld
Ergebnisse einer Hausfrauenbefragung über Wascheinrichtungen und Waschmethoden in städtischen Haushaltungen
1956, 34 Seiten, 4 Abb., DM 7,60

HEFT 393
Dr.-Ing. Oswald Viertel und
Susanne Brückner-Lucas, Krefeld
Arbeitszeitstudien an Haushaltwaschmaschinen
1957, 74 Seiten, 8 Abb., 13 Tabellen, DM 17,30

HEFT 587
Dipl.-Ing. Herbert Schmidt, Krefeld
Auswirkung der Strömungsverhältnisse in Trommelwaschmaschinen unter besonderer Berücksichtigung des Durchlaufspülens
1958, 20 Seiten, 8 Abb., DM 8,45

HEFT 722
Dr.-Ing. Oswald Viertel und Eva Malz, Krefeld
Mechanische Wäschebeanspruchung und Waschwirkung in Rührwerkmaschinen
1959, 59 Seiten, 25 Abb., 23 Tabellen, DM 16,50

HEFT 826
Dr.-Ing. Oswald Viertel und Eva Schmahl, Krefeld
Arbeitszeitstudien an Haushaltbottichwaschmaschinen gleicher Art und Größe mit verschiedener Ausstattung
1960, 37 Seiten, 10 Abb., 4 Tabellen, DM 12,20

HEFT 850
Dr.-Ing. Oswald Viertel, Krefeld
Maßveränderung und Faserbeanspruchung von Wäschestoffen bei verschiedenen Trocknungsverfahren
1960, 34 Seiten, 9 Abb., 12 Tabellen, DM 10,70

HEFT 865
Textil-Ing. Josef Ilg, Krefeld
Ermittlung des Gebrauchswertes von Handtüchern verschiedener Qualität
1960, 45 Seiten, 6 Abb., 22 Tabellen, DM 13,20

HEFT 892
Dipl.-Ing. Herbert Schmidt, Krefeld
Untersuchung über die Wäschebewegung in Trommelwaschmaschinen unter besonderer Berücksichtigung der Reinigungswirkung und des Faserabriebs
1960, 28 Seiten, 9 Abb., DM 9,—

HEFT 960
Edith Schirmer und
Dipl.-Ing. Herbert Schmidt, Krefeld
Prüfung von Heimtrocknern (Trommeltrockner auf Wirkungsgrad und Gewebeangriff
1961, 42 Seiten, 15 Abb., DM 13,50

HEFT 1120
Dr.-Ing. Oswald Viertel und
Dipl.-Ing. Eberhard Wagner,
Wäschereiforschung Krefeld
Ursachen der Fleckbildung beim Waschen mit optische Aufheller enthaltenden Waschmitteln und Möglichkeiten zur Beseitigung dieser Schwierigkeiten.
1962, 38 Seiten, 19 Abb., 1 Tabelle, DM 17,80

HEFT 1254
Dipl.-Chem. Harald Hedenetz und Dr.-Ing. Friedrich Dehnert, Forschungsstelle Chemiereinigung e.V., Krefeld
Vergrauungsfaktoren in der Chemischreinigung
In Vorbereitung

HEFT 1275
Dr. Klaus Ziegler, Deutsches Wollforschungsinstitut an der Rhein.-Westf. Technischen Hochschule Aachen
Der Cysteinsäuregehalt der Wolle, seine Bestimmung und seine Veränderung durch Ausrüstungsprozesse
In Vorbereitung

HEFT 1278
Prof. Dr.-Ing. Paul-August Koch und
Dr. rer. nat. Maria Stratmann, Textilingenieurschule Krefeld
Verfahren zur Erkennung und Untersuchung von Chemiefaserstoffen: I. Polyacrylnitril- und Multipolymerisat-Faserstoffe
In Vorbereitung

HEFT 1283
Prof. Dr.-Ing. Walther Wegener und
Dipl.-Ing. Günter Schubert, Institut für Textiltechnik der Rhein.-Westf. Technischen Hochschule Aachen
Einfluß verschiedener relativer Luftfeuchtigkeiten und Temperaturen auf die Laufverhältnisse, auf die Gleichmäßigkeit und auf die dynamometrischen Eigenschaften der gefertigten Garne
In Vorbereitung

HEFT 1284
Dr. rer. nat. Dipl.-Ing. Eberhard F. Wagner, Wäschereiforschung e. V. Krefeld
Verhalten von Komplexfärbungen und -drucken gegenüber phosphathaltigen Waschmitteln sowie Waschechtheit von Pigmentfärbungen und -drucken
In Vorbereitung

HEFT 1285
Dipl.-Ing. H. Schmidt, Wäschereiforschung e. V., Krefeld
Theorie und Praxis des diskontinuierlichen und kontinuierlichen Spülens
In Vorbereitung

HEFT 1286
Dipl-Ing. Oskar Becker, Institut für textile Meßtechnik Mönchengladbach
Untersuchungen an lederbezogenen Druckrollen für die Streckwerke von Spinnereimaschinen
In Vorbereitung

HEFT 1287
Dr. rer. nat. Hans Günther Fröhlich, Forschungsinstitut der Hutindustrie e. V., Mönchengladbach
Das Färben von Hutfilzen unterhalb Kochtemperatur unter Zusatz von Färbebeschleuniger
In Vorbereitung

Textilprüfverfahren, Textilprüfgeräte

HEFT 17
Obering. Herbert Stein, Mönchengladbach
Vergleichende Prüfung mit verschiedenen Dickenmeßgeräten (1. Bericht der Reihe: Untersuchungen der Verzugsvorgänge an den Streckwerken verschiedener Spinnereimaschinen)
1952, 36 Seiten, 15 Abb., DM 8.—

HEFT 18
Dipl.-Ing. Heinz Vollenbruck, Krefeld
Grundlagen zur Erfassung der chemischen Schädigung beim Waschen
1953, 68 Seiten, 15 Abb., 15 Tabellen, DM 12,75

HEFT 26
Dipl.-Ing. Waldemar Rohs und
Textil-Ing. Gustav Heller, Bielefeld
Vergleichende Untersuchungen zweier neuzeitlicher Ungleichmäßigkeitsprüfer für Bänder und Garne hinsichtlich ihrer Eignung für die Bastfaserspinnerei
1953, 64 Seiten, 30 Abb., DM 12,50

HEFT 85
Prof. Dr. rer. nat. Wilhelm Weltzien und
Dr. rer. nat. habil. Johannes Juilfs, Krefeld
Physikalische Untersuchungen an Fasern, Fäden, Garnen und Geweben:
Untersuchungen am Knickscheuergerät nach Weltzien
1954, 40 Seiten, 11 Abb., 8 Tabellen, DM 10,—

HEFT 199
Dr. rer. nat. habil. Johannes Juilfs, Krefeld
Die Messung von Gewebetemperaturen mittels Temperaturstrahlung
1955, 50 Seiten, 12 Abb., DM 10,90

HEFT 302
Prof. Dr.-Ing. Walther Wegener und
Dipl.-Ing. Willi Zahn, Aachen
Untersuchungen von gesponnenen Garnen auf ihre Gleichmäßigkeit nach verschiedenen Meßmethoden
1956, 58 Seiten, 34 Abb., 1 Tabelle, DM 15,20

HEFT 307
Dr. rer. nat. habil. Johannes Juilfs, Krefeld
Vergleichende Untersuchungen zur elastischen und bleibenden Dehnung von Fasern
1956, 36 Seiten, 11 Abb., DM 8,30

HEFT 308
Dr. rer. nat. habil. Johannes Juilfs, Krefeld
Zur Messung der Fadenglätte
1956, 22 Seiten, 10 Abb., 2 Tabellen, DM 8,—

HEFT 358
Prof. Dr. rer. nat. Wilhelm Weltzien, Dipl.-Chem. Paul Ringel und Text.-Ing. Hans Kirchhoff, Krefeld
Die Waschechtheit von Färbungen. Vergleichende Untersuchungen auf dem Gebiete der Echtheitsprüfung
1958, 26 Seiten, 12 Farbtafeln, DM 58,—

HEFT 381
Dr. rer. nat. habil. Johannes Juilfs, Krefeld
Zur Dichtbestimmung von Fasern. Methoden und Beispiele der praktischen Anwendung
1957, 76 Seiten, 34 Abb., 18 Tabellen, DM 17,—

HEFT 436
Dr. rer. nat. habil. Johannes Juilfs, Krefeld
Zur Bestimmung der Reißlast (Zugfestigkeit) von Fasern, Fäden und Garnen
1959, 26 Seiten, 7 Abb., 5 Tabellen, DM 8,60

HEFT 499
Dr. rer. nat. habil. Johannes Juilfs, Krefeld
Die Bestimmung des Wasserrückhaltevermögens (bzw. des Quellwertes) von Fasern
1958, 42 Seiten, 8 Abb., 8 Tabellen, DM 10,35

HEFT 500
Dr. rer. nat. habil Johannes Juilfs, Krefeld
Vergleichende Untersuchungen am Schopper-Scheuerprüfgerät
1958, 60 Seiten, 34 Abb., verschied. Tabellen, DM 18,10

HEFT 633
Prof. Dr.-Ing. Walther Wegener und
Dipl.-Ing. Egon Haase-Deyerling, Aachen
Entwicklung und Bau eines vollautomatischen Faserlängenprüfgerätes (Stapelprüfgerät) auf kapazitiver Grundlage, Erprobungen dieses Gerätes und Vergleich mit den bislang üblichen Verfahren auf manueller Basis
1958, 36 Seiten, 15 Abb., 5 Tabellen, DM 10,10

HEFT 700
Obering. Herbert Stein, Mönchengladbach
Zugprüfungen an Textilien mit einer weglosen, elektronischen Kraftmeßeinrichtung
1958, 103 Seiten, 62 Abb., 3 Tabellen, DM 32,—

HEFT 730
Obering. Herbert Stein und
Dipl.-Phys. Siegfried Hobe, Mönchengladbach
Gerät zum Auffinden von Fadenverdickungen bei hohen Prüfgeschwindigkeiten
1959, 56 Seiten, 28 Abb., 2 Tabellen, DM 14,80

HEFT 817
Dr. rer. nat. Hansjürgen Kessler, Aachen
Die Zwei- und Dreifaseranalyse auf Grund der Bestimmung von Cystin und Stickstoff
1960, 28 Seiten, DM 8,70

Betriebswirtschaftliche Untersuchungen auf dem Textilgebiet

HEFT 186
Dr. rer. pol. Erich Wedekind, Textil-Ing. Peter Dämkes und Wolfgang v. d. Mark, Krefeld
Untersuchung zur Arbeitsgestaltung bei der Fertigstellung von Oberhemden in gewerblichen Wäschereien *1955, 124 Seiten, 28 Abb., 6 Tabellen, 2 Falttafeln, DM 12,—*

HEFT 197
Dr. rer. pol. Erich Wedekind und
Textil-Ing. Wilhelm Gartz, Krefeld
Untersuchungen zur Bestimmung der optimalen Arbeitsplatzgröße bei Mehrstuhlarbeit in der Weberei
1955, 92 Seiten, 34 Abb., DM 18,50

HEFT 631
Dr. rer. pol. Erich Wedekind und
Textil-Ing. Wilhelm Gartz, Krefeld
Der Einfluß der Automatisierung auf die Struktur der Maschinen und Arbeiterzeiten am mehrstelligen Arbeitsplatz in der Textilindustrie
1958, 86 Seiten, 34 Abb., DM 21,10

HEFT 715
Dr. rer. pol. Erich Wedekind,
Textil-Ing. Fritz Kuntze und
Textil-Ing. Peter Dämkes, Krefeld
Die Auftragsplanung und Arbeitsorganisation in gewerblichen Wäschereien
1959, 116 Seiten, 25 Abb., DM 29,50

HEFT 827
Dr.-Ing. Egon Sattler,
Verband Deutscher Streichgarnspinner, Düsseldorf
Disposition mit Arbeitsvorbereitung in der einstufigen (Verkaufs-) Streichgarnspinnerei
1960, 60 Seiten, DM 15,90

HEFT 828
Textil-Ing. C. Brzeskiewicz,
Verband der Deutschen Tuch- und Kleiderstoffindustrie e. V., Köln
Disposition mit Arbeitsvorbereitung und Vertriebsvorbereitung in der Tuch- und Kleiderstoffindustrie *1960, 67 Seiten, 8 Anlagen, DM 17,90*

HEFT 874
Dr. rer. pol. Erich Wedekind und
Textil-Ing. Hartmut Kokerbeck, Krefeld
Untersuchungen über rationelle Arbeitsweisen bei Preß- und Bügelvorgängen in Chemisch-Reinigungsbetrieben *1960, 102 Seiten, 17 Abb., zahlr. Tabellen, DM 26,50*

HEFT 1237
Verband Deutscher Streichgarnspinner e. V., Düsseldorf
Betriebsvergleich in den Streichgarnspinnereien, Teil I, bearbeitet vom Forschungsinstitut für Rationalisierung an der Rhein.-Westf. Techn. Hochschule Aachen, Direktor: Prof. Dr.-Ing. J. Mathieu
In Vorbereitung

Volkswirtschaftliche Untersuchungen auf dem Textilgebiet

HEFT 222
Dr. rer. pol. Lutz Köllner und
Dipl.-Volksw. Manfred Kaiser, Münster
Die internationale Wettbewerbsfähigkeit der westdeutschen Wollindustrie
1956, 214 Seiten, 5 Abb., DM 39,50

HEFT 323
Prof. Dr. Rudolf Seyffert, Köln
Wege und Kosten der Distribution der Textilien, Schuh- und Lederwaren
1956, 98 Seiten, 37 Tabellen, 1 Falttafel, DM 12,—

HEFT 607
Dr. rer. pol. Hyronimus Schlachter, Münster
Die Wettbewerbslage der westdeutschen Juteindustrie
1958, 137 Seiten, 35 Tabellen, DM 32,—

HEFT 819
Dipl.-Volksw. Dr. rer. pol. Heinz Hubert Kaup, Münster
Einkommen und Textilverbrauch
1960, 92 Seiten, 34 Tabellen, DM 23,20

HEFT 911
Dr. rer. pol. Hannedore Kahmann und
Dipl.-Volksw. Renate Papke, Münster (Westf.)
Langfristige Strukturwandlungen und Anpassungsprozesse der britischen Baumwollindustrie unter dem Einfluß der Industrialisierung in Indien und anderen asiatischen Ländern
1960, 120 Seiten, 38 Tabellen, DM 31,20

HEFT 1036
Dipl.-Kfm. Dr. Eduard Terrahe, Münster
Möglichkeit und Grenzen einer Rationalisierung und Automatisierung in der westdeutschen Baumwollrohweberei. Ein Beitrag zur Beurteilung ihrer Wettbewerbsfähigkeit gegenüber USA, Japan und Indien
1961, 232 Seiten, 51 Tabellen, DM 49,—

HEFT 1069
Dipl.-Volksw. Dr. Wolfgang Rothe
Internationaler Preis- und Kaufkraftvergleich für Bekleidung in Ländern des gemeinsamen Marktes und der Freihandelszone
1962, 226 Seiten, zahlr. Tabellen, DM 43,—

HEFT 1115
Dipl.-Volksw. Dr. Wilhelm Kurth,
im Auftrage der Forschungsstelle für allgemeine und textile Marktwirtschaft an der Universität Münster
Vermögensbestand und Kapitalbedarf in einigen Zweigen der Textilindustrie.
1962, 146 Seiten, 9 Abb., 33 Tabellen, DM 52,—

HEFT 1234
Dipl.-Volkswirt Dr. Klaus Hoffarth,
Forschungsstelle für allgemeine und textile Marktwirtschaft an der Universität Münster
Lagerhaltung und Konjunkturverlauf in der Textilwirtschaft
In Vorbereitung

Verzeichnisse der Forschungsberichte aus folgenden Gebieten können beim Verlag angefordert werden: Acetylen/Schweißtechnik – Arbeitswissenschaft – Bau/Steine/Erden – Bauwirtschaft – Bergbau – Biologie – Chemie – Eisenverarbeitende Industrie – Elektrotechnik/Optik – Energiewirtschaft – Fahrzeugbau/Gasmotoren – Farbe/Papier/Photographie – Fertigung – Funktechnik/Astronomie – Gaswirtschaft – Holzbearbeitung – Hüttenwesen/Werkstoffkunde – Kunststoffe – Luftfahrt/Flugwissenschaften – Luftreinhaltung – Maschinenbau – Mathematik – Medizin/Pharmakologie/NE-Metalle – Physik – Rationalisierung – Schall/Ultraschall – Schiffahrt – Textiltechnik/Faserforschung/Wäschereiforschung – Turbinen – Verkehr – Wirtschaftswissenschaft.

Die Arbeitsgemeinschaft für Forschung des Landes Nordrhein-Westfalen vereinigt unabhängige Wissenschaftler in einer Gemeinschaftsarbeit. Führende Fachleute aller Fakultäten haben sich zusammengefunden, um in persönlichem Kontakt und über die Grenzen des Fachgebietes hinaus Wege zu größeren Übersichten auf wissenschaftlichem Gebiet zu bahnen. Die Arbeitsgemeinschaft vereinigt die Vertreter der Grundlagenforschung und der Zweckforschung.

Die Ergebnisse der Forschungsarbeit werden auf den monatlichen Sitzungen von Fachwissenschaftlern vorgetragen und dann mit den Mitgliedern der Arbeitsgemeinschaft diskutiert. Um die wertvollen Ergebnisse dieser Sitzungen über den Mitgliederkreis hinaus allen interessierten Stellen zugänglich zu machen, werden diese in einer besonderen Schriftenreihe veröffentlicht. Die Veröffentlichungen der AGF gliedern sich in eine naturwissenschaftliche und geisteswissenschaftliche Reihe. Unabhängig davon erscheinen die Forschungsberichte.

VERÖFFENTLICHUNGEN
DER ARBEITSGEMEINSCHAFT FÜR FORSCHUNG
DES LANDES NORDRHEIN-WESTFALEN

Herausgegeben im Auftrage des Ministerpräsidenten Dr. Franz Meyers
von Staatssekretär Prof. Dr. h. c. Dr.-Ing. E. h. Leo Brandt

Geisteswissenschaftliche Reihe

HEFT 1
Prof. Dr. Werner Richter, Bonn
Von der Bedeutung der Geisteswissenschaften für die Bildung unserer Zeit
Prof. Dr. Joachim Ritter, Münster
Die Lehre vom Ursprung und Sinn der Theorie bei Aristoteles
1953, 64 Seiten, kartoniert DM 2,90

HEFT 6
Prälat Prof. Dr. Dr. h. c. Georg Schreiber, Münster
Deutsche Wissenschaftspolitik von Bismarck bis zum Atomwissenschaftler Otto Hahn
1954, 102 Seiten, 7 Abb., kartoniert DM 5,—

HEFT 15
Prof. Dr. Franz Steinbach, Bonn
Der geschichtliche Weg der wirtschaftenden Menschen in die soziale Freiheit und politische Verantwortung
1954, 76 Seiten, kartoniert DM 2,90

HEFT 20
Prof. Dr.Ludwig Raiser, Bad Godesberg
Rechtsfragen der Mitbestimmung
1954, 48 Seiten, kartoniert DM 2,—

HEFT 25
Prof. Dr. Hans Peters, Köln
Die Gewaltentrennung in moderner Sicht
1954, 48 Seiten, kartoniert DM 2,20

HEFT 49
Prof. D. Dr. Friedrich Karl Schumann, Münster
Mythos und Technik
1958, 60 Seiten, kartoniert DM 4,—

HEFT 52
Prof. Dr. Hans J. Wolff, Münster
Die Rechtsgestalt der Universität
1956, 48 Seiten, kartoniert DM 2,65

HEFT 66
Prof. Dr. Werner Conze, Münster
Die Strukturgeschichte des technisch-industriellen Zeitalters als Aufgabe für Forschung und Unterricht
1957, 52 Seiten, kartoniert DM 2,70

HEFT 72
Prof. Dr. Josef Pieper, Essen
Über den Begriff der Tradition
1958, 66 Seiten, kartoniert DM 3,70

HEFT 79
Prof. Dr. Paul Gieseke, Bad Godesberg
Eigentum und Grundwasser
1959, 32 Seiten, kartoniert DM 2,60

HEFT 80
Prof. Dr. Dr. Werner Richter, Bonn
Wissenschaft und Geist in der Weimarer Republik
1958, 32 Seiten, kartoniert DM 2,60

HEFT 85
André George, Paris
Der Humanismus und die Krise der Welt von heute
1959, 40 Seiten, kartoniert DM 2,70

GPSR Compliance
The European Union's (EU) General Product Safety Regulation (GPSR) is a set of rules that requires consumer products to be safe and our obligations to ensure this.

If you have any concerns about our products, you can contact us on

ProductSafety@springernature.com

In case Publisher is established outside the EU, the EU authorized representative is:

Springer Nature Customer Service Center GmbH
Europaplatz 3
69115 Heidelberg, Germany

www.ingramcontent.com/pod-product-compliance
Ingram Content Group UK Ltd.
Pitfield, Milton Keynes, MK11 3LW, UK
UKHW061659190726
13853UKWH00008B/2296

* 9 7 8 3 6 6 3 0 6 6 0 4 0 *